U0376286

筑境

中国精致建筑100

1 建筑思想

风水与建筑
礼制与建筑
象征与建筑
龙文化与建筑

2 建筑元素

屋顶
门
窗
脊饰
斗栱
台基
中国传统家具
建筑琉璃
江南包袱彩画

3 宫殿建筑

北京故宫
沈阳故宫

4 礼制建筑

北京天坛
泰山岱庙
闾山北镇庙
东山关帝庙
文庙建筑
龙母祖庙
解州关帝庙
广州南海神庙
徽州祠堂

5 宗教建筑

普陀山佛寺
江陵三观
武当山道教宫观
九华山寺庙建筑
天龙山石窟
云冈石窟
青海同仁藏传佛教寺院
承德外八庙
朔州古刹崇福寺
大同华严寺
晋阳佛寺
北岳恒山与悬空寺
晋祠
云南傣族寺院与佛塔
佛塔与塔刹
青海瞿昙寺
千山寺观
藏传佛塔与寺庙建筑装饰
泉州开元寺
广州光孝寺
五台山佛光寺
五台山显通寺

6 古城镇

中国古城
宋城赣州
古城平遥
凤凰古城
古城常熟
古城泉州
越中建筑
蓬莱水城
明代沿海抗倭城堡
赵家堡
周庄
鼓浪屿
浙西南古镇廿八都

中国精致建筑100

绍兴石桥

中国建筑工业出版社

出版说明

中国是一个地大物博、历史悠久的文明古国。自历史的脚步迈入新世纪大门以来，她越来越成为世人瞩目的焦点，正不断向世人绽放她历史上曾具有的魅力和光辉异彩。当代中国的经济腾飞、古代中国的文化瑰宝，都已成了世人热衷研究和深入了解的课题。

作为国家级科技出版单位——中国建筑工业出版社60年来始终以弘扬和传承中华民族优秀的建筑文化，推动和传播中国建筑技术进步与发展，向世界介绍和展示中国从古至今的建设成就为己任，并用行动践行着“弘扬中华文化，增强中华文化国际影响力”的使命。从20世纪80年代开始，中国建筑工业出版社就非常重视与海内外同仁进行建筑文化交流与合作，并策划、组织编撰、出版了一系列反映我中华传统建筑风貌的学术画册和学术著作，并在海内外产生了重大影响。

“中国精致建筑100”是中国建筑工业出版社与台湾锦绣出版事业股份有限公司策划，由中国建筑工业出版社组织国内百余位专家学者和摄影专家不惮繁杂，对遍布全国有历史意义的、有代表性的传统建筑进行认真考察和潜心研究，并按建筑思想、建筑元素、宫殿建筑、礼制建筑、宗教建筑、古城镇、古村落、民居建筑、陵墓建筑、园林建筑、书院与会馆等建筑专题与类别，历经数年系统科学地梳理、编撰而成。本套图书按专题分册，就其历史背景、建筑风格、建筑特征、建筑文化，结合精美图照和线图撰写。全套100册、文约200万字、图照6000余幅。

这套图书内容精练、文字通俗、图文并茂、设计考究，是适合海内外读者轻松阅读、便于携带的专业与文化并蓄的普及性读物。目的是让更多的热爱中华文化的人，更全面地欣赏和认识中国传统建筑特有的丰姿、独特的设计手法、精湛的建造技艺，及其绝妙的细部处理，并为世界建筑界记录下可资回味的建筑文化遗产，为海内外读者打开一扇建筑知识和艺术的大门。

这套图书将以中、英文两种文版推出，可供广大中外古建筑之研究者、爱好者、旅游者阅读和珍藏。

目录

绍兴石桥

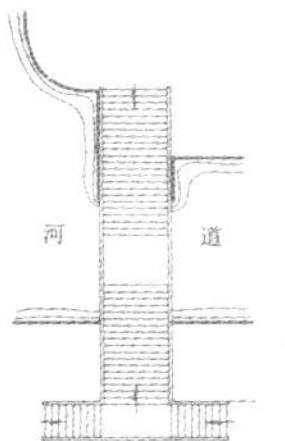

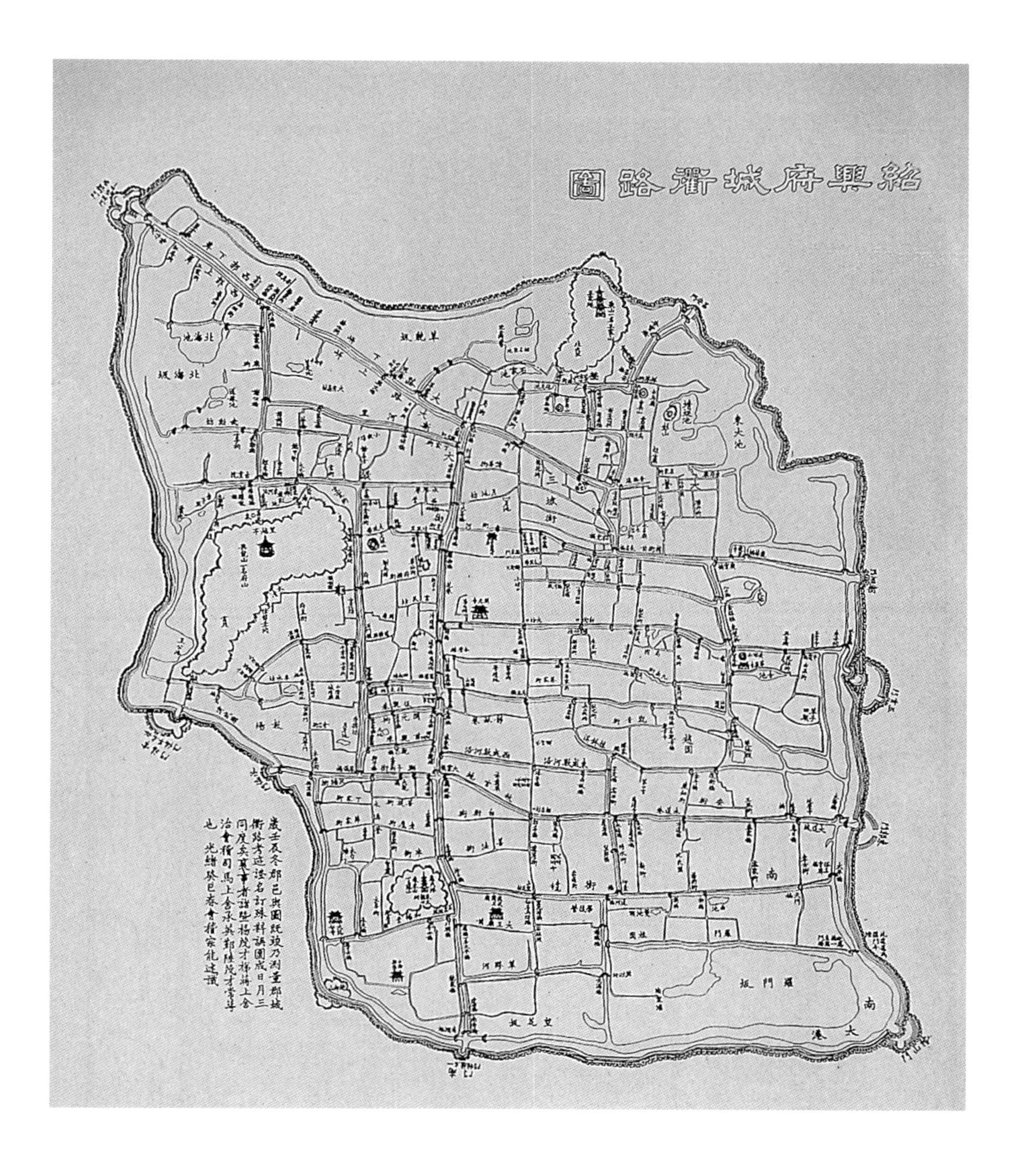

图0-1 绍兴城图

绍兴石桥数量之多委实惊人。清代光绪年间绘制的《绍兴府衢图》所标的石桥有229座，每平方公里达31座。其中府河长仅2500米，上横跨的石桥有16座。

江南名城绍兴以石桥众多而闻名；如同昆明雅号“春城”，重庆世称“雾都”，景德镇美名“瓷都”，把绍兴称作“桥乡”并不过分。

绍兴石桥数量之多委实惊人，有人曾作过调查，现存的石桥四千余座，洋洋乎大观。早在南宋时期，《嘉泰会稽志》所录的著名石桥已达99座之多。清代光绪年间绘制的《绍兴府衢图》所标注的石桥有229座，每平方公里达31座。其中城中心的府河长仅2500米，河上横跨的石桥有16座。这些石桥之中，不包括独门独用，或几家合用的小石板桥，这类石桥多如牛毛，又无桥名，实难统计。可谓无桥不成市，无桥不成镇，无桥不成村。

绍兴石桥的类型众多，从结构上分大致可分为拱桥、梁桥、拱梁联合桥三大类。若再细分，拱桥又可分为折边形拱，其中有三折边、五折边、七折边，以五折边石拱桥居多。另为弧边形拱，其中有半圆拱和马蹄形拱两种，前者圆心略高于半圆，后者则更高。

图0-2 府桥

环山河，环绕卧龙山而得名，两岸民舍簇拥，构成狭窄的水巷，水巷蜿蜒伸展，桥高起有分隔空间的作用。环山河上的府桥将水巷分隔成两个空间。

图0-3 东湖之桥

绍兴城郊东湖，犹如一座水石大盆景，山岩壁立如削，湖面桥堤绵亘，有秦桥、霞川桥、万柳桥等。桥将湖面分隔成数个不同形状的空间，使景色变幻，相映成趣。

石桥的形式因地制宜，随处而异，在乡村河面较宽的地方，一般多采用多架连拱桥，或连梁多孔桥。在城内狭窄的水巷处多用单拱单孔，或单梁单孔桥。根据不同的地理环境，其平面布置采取“一”字形、“T”字形、“L”字形、“H”字形、“Z”字形，“┐┌”形、“┕┐”形、“┐┤”形、弧边形及一些不规则形等。

有些地方地形复杂，则应顺地形，采取八字、三脚等特殊形式；在广阔的大湖、大河处还有纤道桥；在繁华之处还建有亭桥、廊桥，以便过往行人憩息和观景。西郭廊桥位于城西北的灵芝乡，建于光绪二十九年（1903年）为单孔梁桥，上建廊屋，面阔三间，歇山式屋顶，柱及柱础皆石制，柱上刻有对联：“亭旁钟山望日俨同望海，桥临鉴水会龙即是会源”，描述了临桥观赏之景，触景所生之情。

绍兴石桥所用的石材常就近取于东湖、吼山、羊山、柯岩石宕。这些石材皆属凝灰岩，色泽青灰，近似于石灰岩，但比石灰岩坚硬得多，不易剥离，若与花岗石相比，则又显得十分柔韧。凝灰岩中夹杂着众多的大山灰砾，旧时加工工具简单，要啃平实在不容易，因此成材后表面粗糙。色斑星散，如此反觉得有点绍兴味。

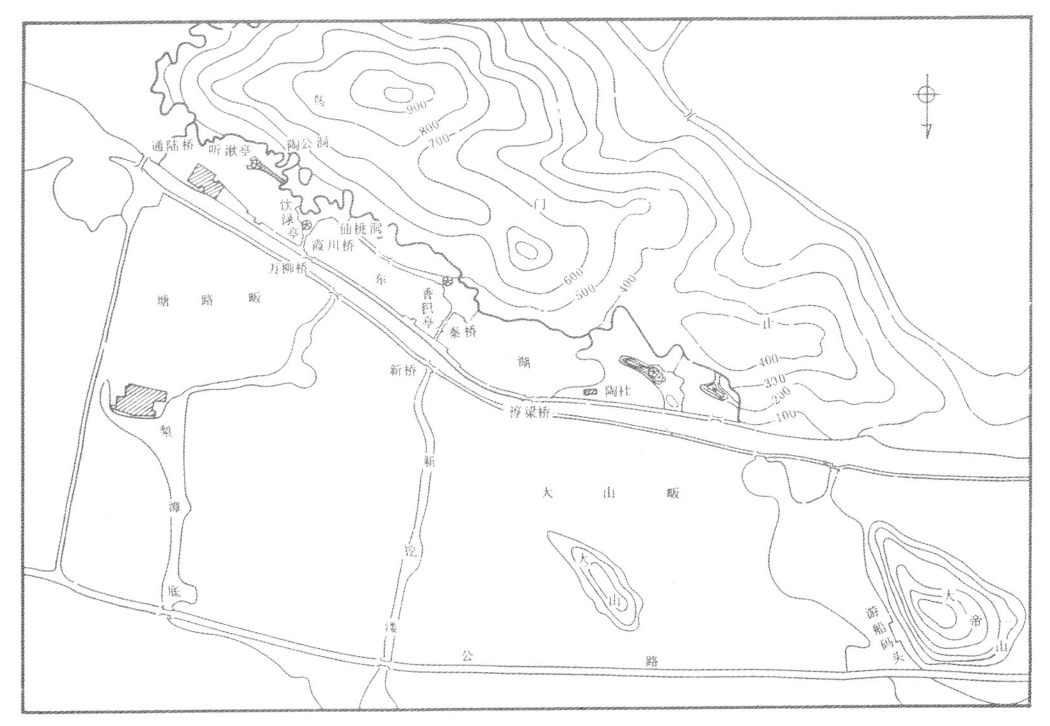

图0-4 东湖平面图（摹自《绍兴》）

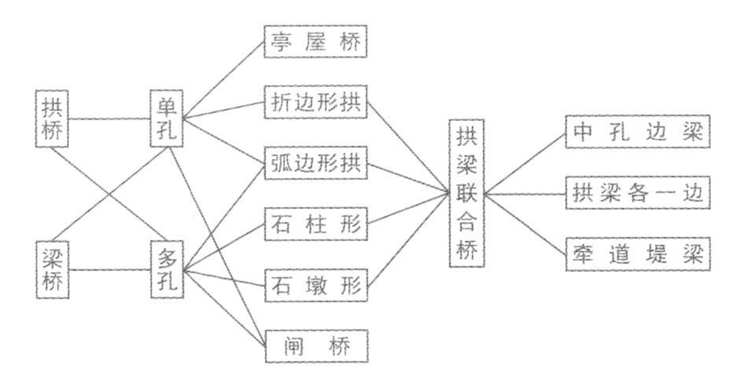

图0-5 绍兴石桥类型示意图（引自杨新平《水乡景观特质》）

图0-6 石桥平面示意图

图0-7 西郭廊桥/上图

绍兴石桥形式多样，在繁华之处建有亭桥、廊桥，以便过往行人憩息。西郭廊桥在西郭门外，相传宋理宗在此沐浴，又称浴龙桥，今桥重建于光绪二十九年（1903年）。

图0-8 采石劳作/中图

绍兴石桥所用的石材常就近取于东湖、吼山、羊山、柯岩。这些石材均属凝灰岩，中夹杂着众多的火山灰砾，加工成平整的石块并不容易，因此成材后表面粗糙，色斑星散。

图0-9 桥头凉亭/下图

绍兴齐贤镇林头村的石桥旁今尚存凉亭一座，六角形，攒尖顶，顶用六块大石板拼合而成。石柱开卯，石枋作榫，构成六角形框架。三面开敞，三面封闭，形状古朴典雅，与石桥相映成趣。

有的石桥在桥头还建有“过路凉亭”，都用石材构作，外形古拙简朴，却也多彩多姿，成为石桥的附属。绍兴齐贤镇林头村村口的石桥旁今尚存凉亭一座、亭六角攒尖，顶用六块大石板构合，石柱开卯，石枋作榫，连接成六角形框架。三面开敞，三面用石板竖立封闭，为行人遮风避雨。相传有姓韩的媒婆伴送姓王的小姐出嫁，在此桥遭雨淋，十分狼狈。事后发愤建此凉亭，取名王韩亭。不少亭柱上还刻有楹联，如“稍安毋躁，小坐何妨”。又如“市远村稀从何托足，风狂雨骤暂可栖身”其文字通俗却十分贴切，予人以温馨且情趣盎然，耐人寻味。

绍兴是水乡，更是桥乡。绍兴石桥以其独特的个性为世人所瞩目，它是水乡的标志，也为水乡点缀了许多迷人的景色。

一、千秋留姿容

绍兴石桥历史源远流长，至今尚有一些姿态各异的古桥被保存了下来。古籍上记载，春秋时期，越王勾践在“县东二里”建造灵汜桥。桥成，越王还亲自上桥论功行赏。沧海桑田，遗址已难考，只留下唐代诗人李公垂的怀古七绝：“灵汜桥边多感伤，水分湖派达加塘。”

吼山为越王勾践养狗之地，此地自秦汉开始伐山采石，长年累月留下许多未采的天然石，形成千奇百怪的石景。其中有一处幽深莫测的石宕，宕东有一条无然石梁横空而过，下有岩洞，明代文学家、书画家徐渭有诗：“小桥一洞莲花巘，大蜃残虹撑水面。”远古，人类为了生存，终年登山涉水，狩猎觅食，常利用天然石梁作原始石桥跨越障碍。吼山石梁由开山伐石而后留成，虽为人作，宛如天开，是昔日石工飞越石宕水潭的通道。

图1-1 吼山石梁桥
吼山石景园中有一处幽深莫测的石宕，宕东有一条天然石梁似桥横空而过，下有宕洞，明代著名文人徐渭有诗：“小桥一洞莲花巘，大蜃残虹撑水面。”

图1-2 八字桥宋代原构望柱栏板

建于南宋宝祐四年（1256年）的八字桥，至今尚存众多的宋代原构：覆莲形望柱，其刻纹较深，莲瓣外鼓；斗子蜀柱式栏板，斗子上还有云栱。昔日这些石栏上刻有捐助者芳名，可惜因剥蚀，已难以辨认。

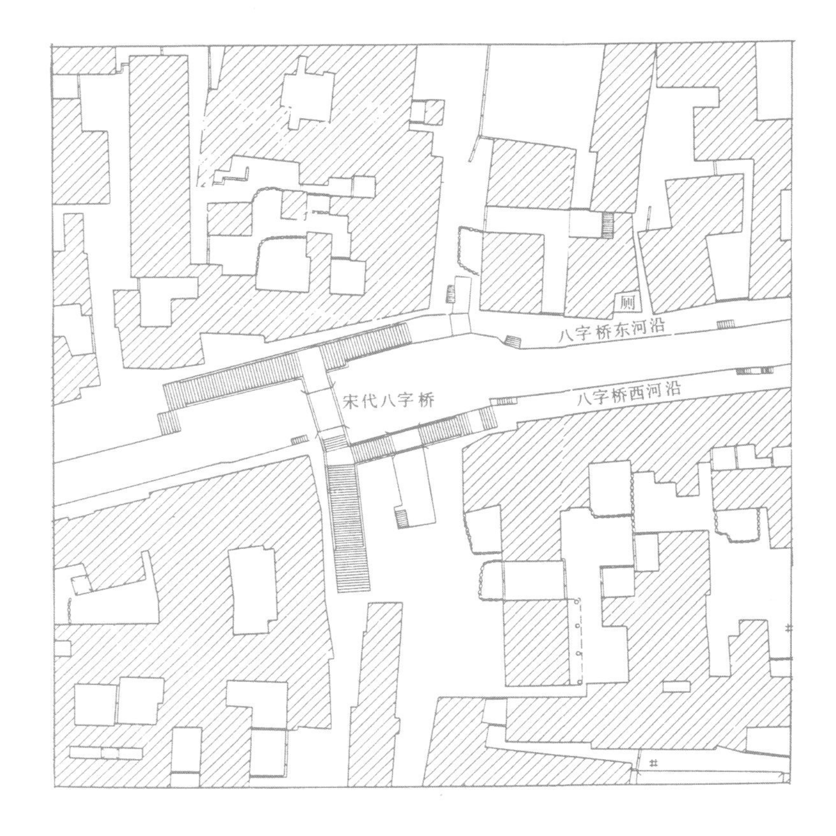

图1-3 八字桥平面图
（摹自《绍兴》）

宋人留下了一座八字桥。宋《嘉泰会稽志》卷十上有记载："八字桥，在府城东南，两桥相对而斜，状如八字，故得名。"在桥主孔西侧第五根石柱上还有"时宝祐丙辰仲冬吉日建"的题刻。宝祐丙辰（1256年）是南宋理宗（赵昀）的年号，建造年代十分确切。桥高5米、宽3.2米，梁式，主梁长4.85米。桥洞两端用条石砌筑翼墙，沿墙外侧贴墙竖石柱，各设九根，高4米，构成石壁，壁脚置于金刚脚的石槽内，侧脚明显。又有长条石作柱壁的压顶，上承大石梁。石梁最外的一道呈月梁状，造型特别。此种石壁墩加砌翼墙式的宋代石桥已十分少见。另外，桥上还保存了不少宋代的

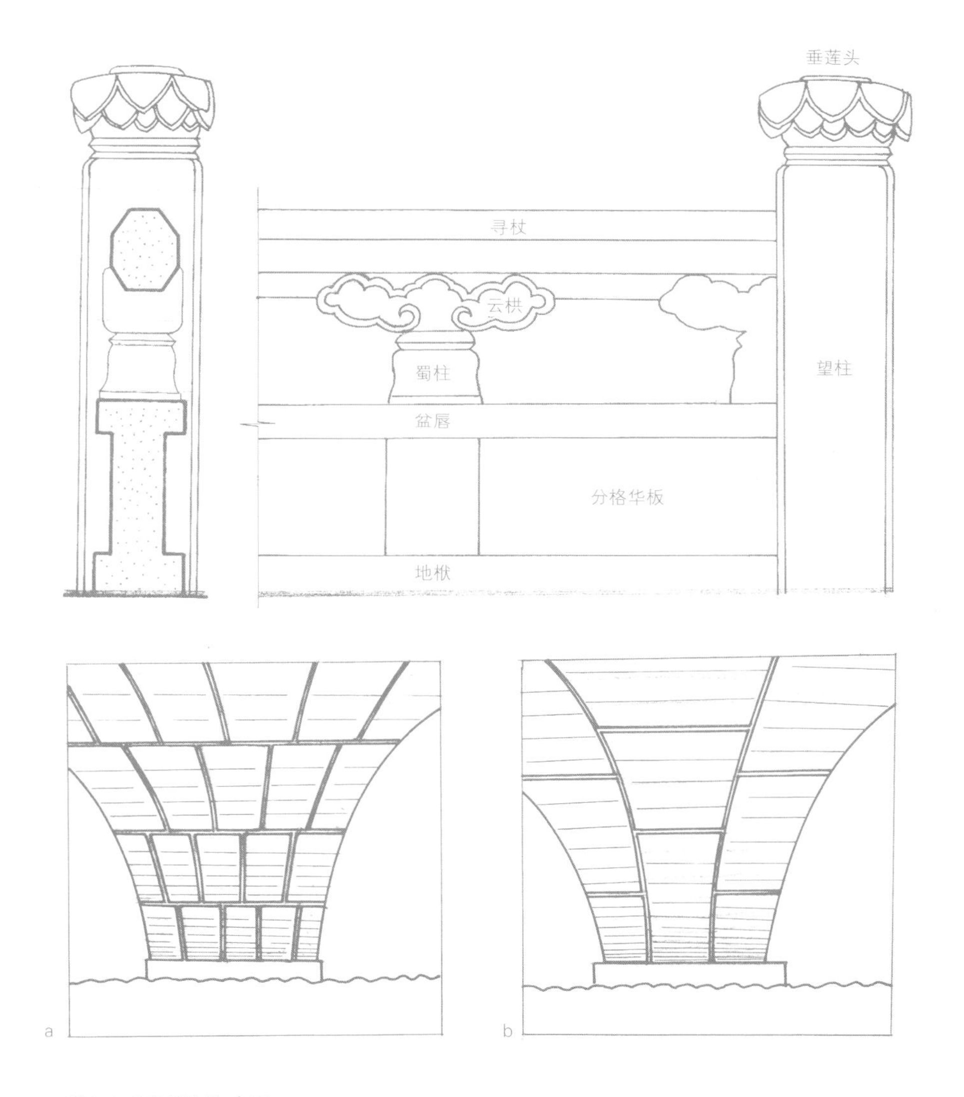

图1-4 八字桥钩栏/上图

宋《营造法式》卷三石作制度中有“重台钩栏”、“单钩栏”之说。并称其用寻杖，下用云栱、瘿项、次用盆唇，下施地栿。文虽这么说，但实物少见。绍兴八字桥上的钩栏虽风化剥蚀严重，但从依稀可辨的铭刻中可断定是宋代保留下来的原物，因而显得十分可贵。若将此实物与《营造法式》文字对照，那些陌生的名称皆可对号入座。

图1-5 拱券的结构/下图

拱券的结构常见的有两种，一种砌筑时只注意让券板横向的头缝平齐，称之为“横向分节并列砌置”（图a）。另一种多见于明清以后的石桥中，在砌筑时却让券板纵向头缝平齐，称之“纵向分节并列砌置”（图b）。

图1-6 太平桥/前页
萧绍大运河上的阮社太平桥，桥长50米，南端为一圆拱，净跨10米；北端八孔为梁式桥，每孔跨4米。运河之中舟楫飞梭，大船入垂虹，小舟入玉带，各行其道。

原构件，如寻杖式石栏、云栱斗子蜀柱，覆莲形望柱。柱身上还刻有捐助者姓名，可惜多因年代久远，石材斑驳，难以辨认。

元代留下的一座光相桥，在绍兴城区西北隅，桥上有题记："古有光相桥，□□颓圮，妨碍经行，□□□今自各已资，鼎新重建光相桥，以图永固，岁值辛巳至正□年闰五月吉日□□。上虞县石匠丁寿造。"辛巳是至正元年（1341年），距今已达600多年，虽然明隆庆元年、清代均进行了维修，但主体尚未更换。桥长29.5米，宽6.90米，高4.2米，两边各设踏步23级，每级厚约12厘米，宽50厘米，虽为陡拱型石桥，但桥坡仍十分平缓。拱券砌筑方法有两种，一种叫横向分节并列砌作，即砌筑时只追求拱券板横缝平齐，也是光相桥所采用的做法。另一种称纵向分节并列砌作，即砌筑时追求拱券板竖缝平齐，为元代以后常见的砌筑方法。桥上置有类似须弥座式的石栏和覆莲形望柱，颇显古朴庄重。

图1-7 太平桥平面图（摹自《绍兴石桥》）

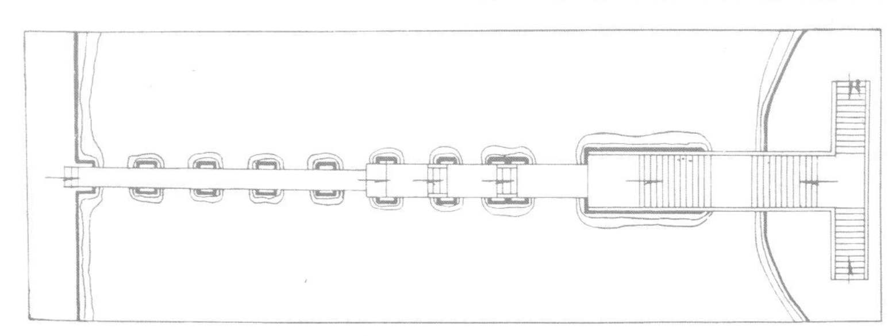

图1-8 太平桥的栏板

太平桥石栏上雕有众多的花纹，主桥的四根望柱头上所雕的两对石狮左顾右盼，亲昵欢快。八根望柱头上分别刻有扇、剑、渔鼓、玉版、葫芦、箫、花篮、荷花，俗称“暗八仙”。

绍兴石桥，宋、元各朝均有实例，明清两代比比皆是。“垂虹玉带门前事，万古名桥出越州。”在诗人眼里，千秋所留的千姿百态的石桥，或拱形高敞似垂虹横空，或梁形逶迤似玉带卧地。然而兼有垂虹玉带二顶桂冠者不少，其中有横跨在萧绍大运河上的阮社太平桥。该桥始建于明万历四十八年（1620年）清咸丰八年（1858年）重建，全长40米，是一座石拱、石梁相结合的长桥。石拱一孔，净跨8.4米，桥宽3.5米，拱券用条石纵向分节砌筑。拱顶的南北两面均铺踏跺18级，其下设平台。南经平台分向东西两面各铺设踏跺17级下坡，形成T形平面。拱桥北面接石梁桥，共八孔，靠南的三孔稍高，余下诸孔较低，每孔跨径约4.8米。运河之中，舟楫如梭，官船、埠船，船篷高敞入垂虹，脚划船、乌篷船进玉带，各行其道，这样，在功能上满足了通航和行人的要求，在结构上达到省工省料，造型优美的目标。

图1-9 右军祠内石桥

兰亭王右军祠内有石板桥一座，横跨墨华池，连接墨华亭。桥用大石桥壁作墩，上架两条石梁，梁微微上拱，似美人眉。石梁外侧凿有两道弧线，使大石梁变得轻巧秀丽。

图1-10 三江闸桥

始建于明代嘉靖十四年（1535年）的三江闸桥气势澎湃。闸桥横跨在钱塘江、浦阳江、曹娥江三江汇合入海口。总长达108米。桥面宽9米，立墩二十七，辟门二十八，上应天宿。

太平桥不但造型优美，还装饰有精美的花纹。主桥望柱头上两对石狮左顾右盼，母狮抚逗幼狮，雄狮戏耍绣球，形象生动，八根望柱头上分别刻有扇、剑、渔鼓、玉版、葫芦、箫、花篮、荷花，此为八仙手中所持之物。以此构成的寓意纹样俗称“暗八仙”。栏板上满铺纹饰，无一雷同，竞相争艳。

绍兴兰亭，自古有名，兰亭有座王右军祠，祠中有一座石板桥，横跨墨华池，连接墨华亭。其桥用大石板壁立作墩，上架两根大石梁，梁微微上拱，似美人眉。引人注目的是大石梁外侧凿出两道弧线，这一小小的处理，使大石梁变得轻巧秀丽。桥顶面似石梁承重，平铺方石板数块，似路、又似桥，石桥的笨重感

图1-11 应宿闸图
（摹自《康熙会稽县志》）

應宿閘圖
禹廟
烽候
三江巡司
大海
巫山
三江所
陸路舖

也因此烟消云散。与右军祠那轻盈盈的屋面，飘飘然的翼角十分相称。若俯身窥视石桥板下，石梁、石板下凸似馒头，多人在桥上行走也确保安全。

与兰亭石桥秀丽相反，如建于明代嘉靖十四年（1535年）的三江闸桥则气势澎湃。闸桥横跨在钱塘江、钱清江、曹娥江汇合入海口，总长108米。桥面宽9米，立墩二十七，辟门二十八，上应天宿。墩上架梁，上铺石板，供车马通行。墩侧设槽，供提放闸木坊，以便蓄泄。闸桥之内大河滚滚，闸桥之外，沧海茫茫，时逢钱塘大潮，玉城雪岭际天而至，吞天沃日，但涌至三江闸桥前便戛然而回。相传，闸桥初筑时，外潮内涌，内水外溢，难以合拢，孩童莫龙，舍身投水，以血促成，后人立莫龙庙供祀。

二、街巷石桥连

绍兴城镇中，寸土寸金，沿河居民向河要地，寸土必争，虽历代父母官明文禁止侵占河道，蚁筑蚕食之事仍有发生，年长日久，河道越来越窄，渐成盘曲的水巷。水巷狭窄，虽似举足可越，但此岸彼岸隔河对唱，串门访友为水所隔，一座座的石桥连通两岸街巷，水巷桥景成为绍兴独特的景观。

鲁迅先生的家在城内都昌坊口，面街临河，而他受启蒙教育的三味书屋却在河的彼岸。《从百草园到三味书屋》一文中说："出门向东，不上半里，走过一道石桥，便是我的先生的家了。"鲁迅先生所说的铺设在三味书屋门口的石桥是由五块大石板平铺作梁，横架两岸，俗称五板桥。当然也有三板桥、四板桥，以平铺石板多寡称之。此石板桥导向明确，仅为独家使用。只是不敢正对宅门，据风水师说，这样做能避凶得吉，因此小桥南引桥左拐，形成L形平面。三味书屋在宅东，过桥置廊，过廊可直接进入书屋。从前，每天清晨，头戴瓜皮小帽的儿童三三两两过桥上学，有谁能知道其中一人后来竟成为世人敬仰的大文豪。

图2-1 水巷桥景（张振光 摄）/对面页

水巷桥曲、狭窄，似举足可越，但串门访友终为水所隔，此岸彼岸可隔河对唱。如此构成绍兴特有的水巷桥景。

离都昌坊口北行不到100米，又有一条盘曲的水巷，称东咸欢河。河北岸有一家“恒济当铺”，1895年鲁迅先生家道中落，几乎每天都到这家当铺典当物品，以补家用。当铺面河而设，它的东面有一座四板桥跨咸欢河，过桥紧连一条小弄，弄内有四五家居民。小弄终头是朱姓大户，朱家很有钱，曾经买绝鲁迅家的全部在绍的房产，但每天必须伙同弄内小户人家出入如此普通的四板桥。

鲁迅先生当年去恒济当铺不能走这座四板桥，必须从都昌坊口折北顺新建南路经塔子桥抵达。塔子桥堍东为土谷祠，当时住着鲁迅笔下的阿Q。土谷祠对面是长庆寺，鲁迅先生在此拜了一个和尚做师傅。塔子桥是连通街巷抵达长庆寺、土谷祠的重要通道。长庆寺、土谷

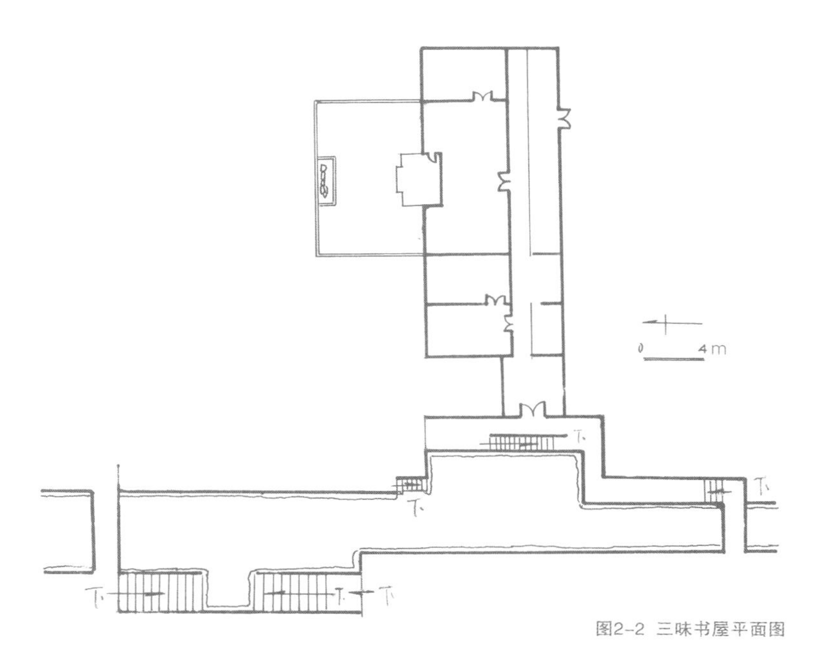

图2-2 三味书屋平面图

图2-3 三味书屋内景（张振光 摄）

鲁迅先生家住城内都昌坊口，面街临河，而他受启蒙的三味书屋却在河的彼岸。《从百草园到三味书屋》一文中说："出门向东，不上半里，走过一道石桥，便是我的先生的家了。"

图2-4 水镇柯桥

柯桥镇位于交织的水网区之外，镇以桥为名。桥的平面布局精巧，造型典雅。主要街道临河而设，石桥纵横，两岸街巷逶迤，巧妙地把水、路、桥、宅融为一体。

图2-5 柯桥大桥
此桥高高耸立在镇中，昔日镇中房屋矮小，站于桥上可俯视全镇。镇的主要街道分设在桥的两侧，桥是沟通两街的主要通道。

祠前，正对塔子桥有一座过街亭。时逢菩萨生日，在亭柱上加两道横坊，上铺楼板，即成临时戏台。塔子桥上是看戏的最佳位子，台上还未开锣，桥上已被挤得水泄不通。那时，来看戏的人多由咸欢河中乘坐乌篷船而来，通常在塔子桥下泊岸，顺塔子桥两边的踏道上岸挤入戏场中。如今桥边摆设了众多的小摊，小贩们向过往行人兜售叫卖。一群孩子围在油炸臭豆腐干摊子边，馋涎欲滴。

绍兴城外湖泊众多、河流纵横，在碧水环绕之外，置有一座座水乡集镇。石桥在这些集镇之中仍发挥着沟通街巷的重要作用。

水乡集镇柯桥，在城西北13公里处，其下为柯水。镇河柯水南北两岸排列，镇中有大小石桥二十余座，其中柯桥大桥、柯桥（已改建）、永丰桥三桥鼎立构成集镇的框架。柯桥大桥是当地的俗称，实名融光桥，因昔日桥堍有融光寺而名。桥建于明代，单孔拱式，南北走向，全长15米，桥面宽3.6米，净跨达9.9米，因采用半圆形的拱券，桥面到水面达10米。昔日镇上多低矮的平屋，此石桥高高耸立，必然成为全镇的标志，因此镇以桥为名。

绍兴城东北15公里有一水乡集镇，至今保存尚好。因唐贞元元年（785年）观察使皇甫政在这里建玉山陡门闸，控制山会平原河水蓄泄，故名陡门镇。镇中有一条小河缓缓流过，河上架有小桥十多座，连通街巷。这些桥的名字颇有意味，如鹅市桥，因居鹅市中，与鹅市相连而名。鹅市、鸭市是昔日买卖家禽之所，人流拥挤，因此石桥两侧立起石柱，柱中穿有毛竹，权作栏杆。磨坊桥，桥堍有磨坊，生意兴隆，招牌响亮，深受百姓欢迎，因此连附近的石桥也得以借光。

水乡集镇安昌，历史上是由一条纤塘路发展而成。唐末五代时吴越王钱镠在此平董昌之乱，故名安昌。安昌街分设在安昌河两岸，足足达1500米。为了沟通两岸交通，每隔数十米架有石桥一座。乘坐乌篷小船行进在安昌河上，但见一座桥洞框住另一座桥洞，或圆或方，层层叠叠，蔚为奇观。水乡集镇中，运

图2-6 桥镇安昌/前页

有桥镇之称的安昌，历史上由一条纤塘路发展而成。安昌街沿安昌河两岸布置，为沟通两岸交通，每隔数十米架石桥一座，或圆或方层层叠叠。

输依靠河道，为有利于高篷船只航行，众桥高耸，成为划分河段空间的界面。两岸排设着各式踏跺，兼作码头，农家赶集之人随时可泊船上岸。岸上或设骑楼，或设雨棚，使店面更加接近河面。小贩们沿河兜售，花花绿绿铺满一地。时逢集市，挑担或提篮的小贩从桥上挤来挤去，摩肩接踵，步履匆匆。

三、因地制宜 不拘一格

水乡街河布局多变，石匠师傅建桥时总是因地制宜，妙策应变，令人敬佩。

一河一街的布局中，街上设桥，跨河进宅，如三味书屋。一河二街中，两岸都是街的，石桥跨河直接连通两街，如柯桥大桥。另一种因北河岸的屋舍需保持坐北朝南的良好居住条件，所以临河建屋舍，街在屋舍的南面。石桥在南街设踏跺，北踏跺则建在北岸屋舍的空隙之中，连通两街，如光相桥。有河无街时，因为两岸屋舍均背面临河，街在舍的正面，隔数舍设一间隙，石桥利用这一间隙布设踏跺，越过屋舍，连通两街，如环山河上宝珠桥。

但有不少地方地形较为复杂，桥的布置则随机应变。如安昌镇有座安康桥，桥洞高耸连接两岸，伴生了很长的引桥，势必将街道拦腰斩断。石匠师傅因地制宜，把桥的平面改变成H形，使引桥与街、河平行。如此欲上桥者顺引桥拾级，不上桥者从桥边从容而过，两不相扰。

绍兴城东的东双桥，虽亦处一河两街的布局中，但由于此地有两河十字相交，变得十分复杂。匠师们因东西向的东街为交通要道，车水马龙、川流不息，设主桥连接东街东西。此引桥一分为三，中间车行道宽6米，坡缓且长，各达50余米。两侧是人行道，宽仅1.1米；踏跺上下，坡陡且短，人车分流。引桥与屋舍之间还留有1.7米的通道，沿北道

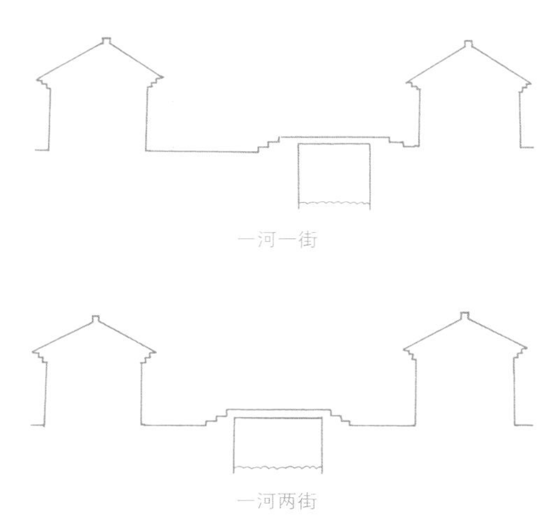

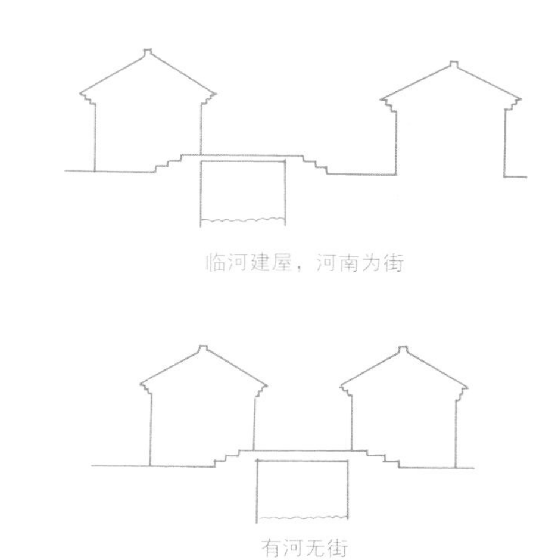

图3-1 街、河、桥布局示意图

图3-2 安昌镇安康桥

安昌镇有座安康桥，桥较高，伴生了较长的引桥，但两岸街道窄小，匠人们因地制宜创造出平面为H形的桥，适应了环境的需要。

可至东双桥东西河沿，沿南道可至下船埠头。东引桥向南分叉，分东南两向降到街面，其中南坡有石梁桥过横向小河。

绍兴城南坡塘乡栖凫村，此地直江与横江交汇，剖地为三，地形较为复杂。石匠师傅妙策制宜，仅架一座Y字形平面的石梁桥，俗称三脚桥，既省工省料，又能妥善解决复杂的交通问题。桥中心用条砌筑桥墩，作为中心支座。主流自北向南，架设两孔石梁以利泄洪。南向一脚以流水相向，可抵抗洪水对桥的侧压。桥宽1.4米，三向总长约38米。桥两则设有低矮的实心栏板，古拙简朴。村民南来北往皆经中心桥墩而达彼岸。南来之舟经西桥孔北往，经东桥孔东往，虽无红灯、绿灯，交通警，而舟行井然有序。

图3-3 东双桥

东双桥仅高八字桥数十米。此地两河十字交错，四街汇合，地形亦十分复杂。桥采用斗字形平面，桥坡设桥的方法以应变。其中东南引桥下还有一旱桥洞，钻过东双桥达贴桥的河埠上。

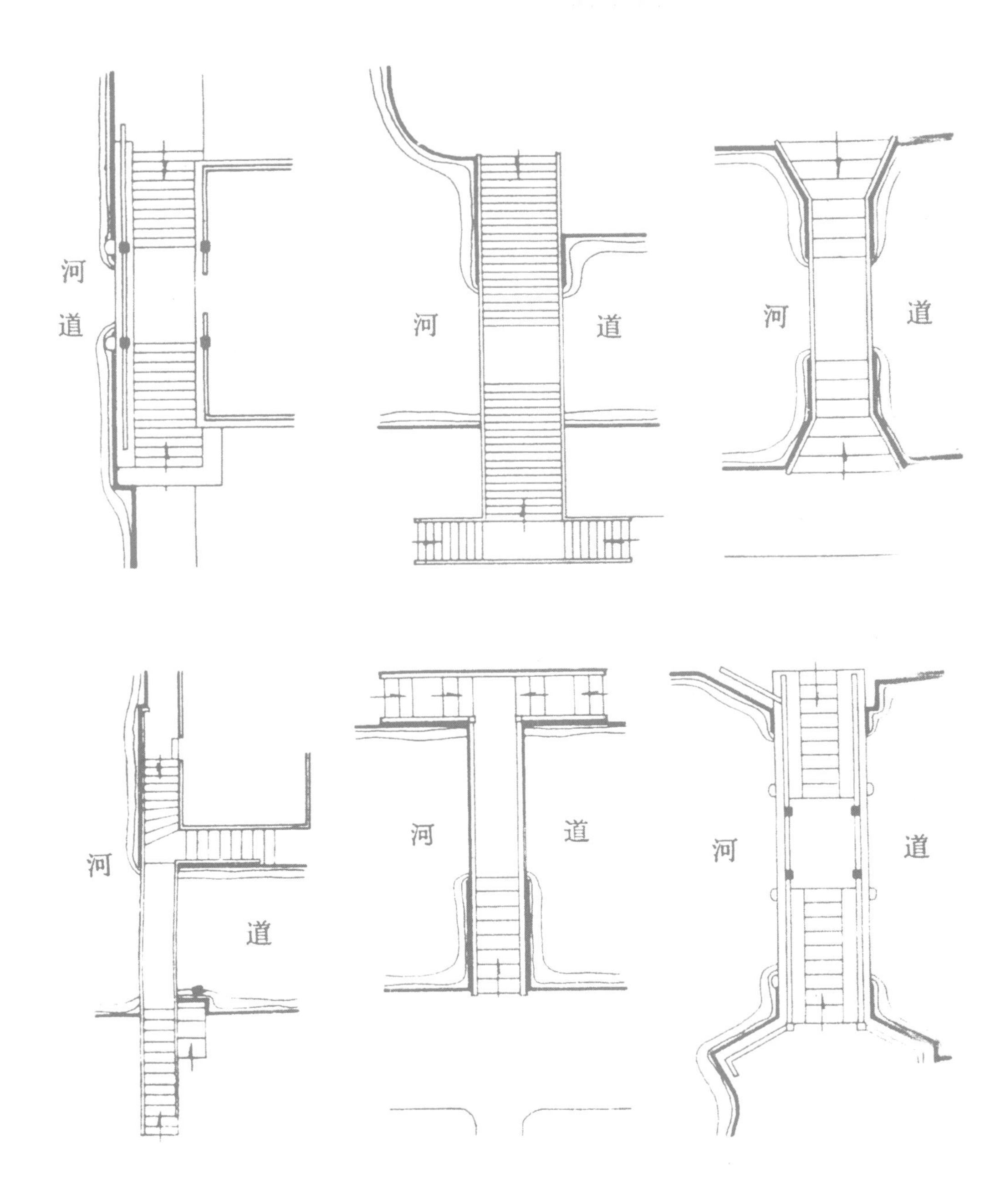

图3-4 几种桥头落坡平面图（摹自《绍兴石桥》）

图3-5 三脚桥/上图

城南坡塘乡楼皃村有座Y字形平面的石桥，俗称三脚桥。桥中心用条石实砌作墩，作中心支座。由中心墩设梁桥向东、向南、西北伸展沟通三向交通，构思十分巧妙。

图3-6 八字桥/下图

绍兴八字桥位于城东，始建于宋嘉泰间，重建于南宋宝祐四年（1256年），桥处于六街相交，三河汇流的地形中，匠师们顺应环境，采用特殊的八字形平面，妥善地解决了复杂的交通问题。

图3–7 八字桥的引桥

八字桥主桥横跨主河为东西向。主桥东端沿河岸建筑南北引桥，用石阶分向南北降到街面。南向石阶半途铺设石梁桥过小河。西端两条引桥垂直相交，亦采用桥坡设桥的方法过另一条小河。

令人叫绝的还数八字桥。此地有三条大道相接，三条河流相汇合，再店铺并列，民舍相拥，造桥难度极大。宋代匠师顺应已建成的街道，妙策应变，横跨主河建正桥，正桥东端沿河岸建南北引桥，用石阶分向南北降到街面。南向石阶在半途中铺设一段石梁桥过其中的一条小河。此两下的引桥东侧距住屋约1.5米，留出较低且平缓的便道，以利桥下居民往来。正桥两端的两条引桥垂直相交，一条接东西向的大道，一条接南北向的大道。南引桥半途也有梁式桥跨另一条小河。如此采用了特殊的八字形的石桥平面，及桥坡设桥的方法，妥善地解决了如此复杂的交通问题，其应变妙策一直为后世所称赞。

四、桥舍相依

绍兴水乡的民舍常常簇拥着小桥建造，俨然一幅“小桥、流水、人家”的景色。有的桥虽小但洞拱横空耸立，人在桥上走，犹如屋上行。也有些民舍前常平架石桥，直通门前，既方便又朴素。还有一种很特殊的形式是桥与舍结合在一起，桥舍相依。

城西阮社村有一座小石桥，单孔、梁式，数根大条石壁立作墩，形制古朴。桥上立有石柱两根，上架单步小廊，供行人躲避风雨，俗称廊桥。廊后建有一列民舍、面阔三间，中间跨河而筑，俗称水阁。桥与水阁平面相连，构架相接，中间与桥面相平，次间底层相通。水阁南向辟门，出门即是桥的踏跺。踏跺退后三步向左拐避让，两者和睦相处。夜宿水阁，冬暖夏凉，人静之时，能听到舟水相拍的声音，仿佛河水就从床下流过。

图4-1 阮社小桥楼

阮社村有一座小石桥，桥上立有石柱两根，支持单步小廊，供行人躲避风雨。廊后建有一舍，面阔三间，中间正跨在河上，廊与舍相连。

图4-2 东浦大门楼

东浦大门楼在小河口，河从楼下通过。楼坐北朝南，临河辟廊，内隔以落地花格门，外有花格扶栏，门封户闭，仅供独家逍遥。

图4-3 州山桥屋
州山桥屋面阔三间，进深五步，前后无廊，檐下设墙及窗以供行人躲避风雨。两岸有石阶上桥。桥墩为两排石柱，每排四根石柱间用木梁相连，上面构屋。所以它既是桥，也是屋。

东浦大门楼，位于城西北6公里东浦镇镇东大门溇，是筑在桥上的舍。“溇”与“楼”音同义不同。水乡之中，舍旁流有小河，与大河相连，俗称“溇”。溇底宽阔，可泊船只，有下河踏步，舍环溇而筑。大门楼在溇口，坐北朝南，河水从楼下入溇。临河辟廊，内隔以落地花格门，门封户闭，仅供独家逍遥。主人桌头一条鱼，桌尾一壶酒，可啸、可歌、可偃仰栖息。若凭栏俯视溇中，有“越女红裙娇石榴，双双荡桨在中流。憨妆又怕旁人笑，一柄荷花遮满头。”徐渭（文长）《镜湖竹枝词》的词句，活脱脱勾画出溇中荡桨而去那淳朴村姑的形象。

绍兴柯桥附近州山村，地处水乡泽国，河道纵列，舍水相倚。这里有座桥屋横跨在河上。桥的两端有石阶，人可拾级上桥。桥为三跨，桥下有两排高耸的石柱做桥墩，石柱之间则用木枋相连，上构桥屋。这种极简单的便桥

图4-4 过桥

绍兴城中水巷窄处仅容小舟通过，居民因地制宜用大石板平搁在两岸河坎上，上构房屋。如此两岸屋舍连成一体，十分方便实用。

也是最实用的，是行人躲避风雨和歇脚的好地方。桥屋面阔三间，进深五步架，屋顶下即檐墙，墙上仅开启三窗。

除水阁、水门楼、桥屋外尚有过楼。石板桥上有屋通两岸人家者称过楼，亦称过桥，实为居民的私屋，仅在城内狭窄的河道处可见。水城之中的许多水巷，狭窄处仅可容小舟通过，居民因地制宜，用大石板平搁在两岸河砧上，上架屋舍，这种屋舍一般十分简陋，若逢春水上涨，水几乎与过桥相平，舟楫难以通行，船户怨声载道，从前官府明文告示："禁止两岸百姓私造过楼。"不过，在僻静角落，这种过楼还是偷偷地造了起来。如此利用河道上方空间，使河道两岸的屋舍合而为一，扩大了面积，又十分实用，"损人无妨，但求利己。"违章乱建的实例今日仍可见其残迹。夏日，小河干涸，两岸壁立丈余，舟在泥淖中滑行，忽地钻到过桥底下，还可听到楼中男女喊喊之声。

五、桥也是路

图5-1 纤塘桥
"白玉长堤路，乌篷小画船"，古人所赞的是纤塘桥。它平铺岸边，傍野临水，或飞架水上，破水而筑，绵亘数十里，宛若一条水上长龙，伸展到水天相接之处。

图5-2 石墩纤道平桥
春水暴涨之时，纤道两侧水位高低悬殊，为了避免崩塌，建造纤道平桥，其形如旧式铁锁，俗称铁锁桥。每隔2至3米设一墩，墩与墩之间用石梁拉接，石梁之间透空以泄水。

在浙东大运河绍兴段，河宽水深，负重之舟若逆流行驶，常为水力所阻，需步行拉纤，才得前行。因河流纵横，河岸弯曲，拉纤十分不便，因此兴建了一条与运河平行的特殊长桥，既是纤道路，也是纤道桥。从此纤夫循道直行，无须绕道，极大地改善了水上交通条件。

纤道桥始建年代尚早，据史籍记载，唐元和十年（816年）观察使孟简已筑有运道塘。明代，纤道路不仅贯穿绍兴全境，且延至邻县萧山。弘治年间（1488—1505年）知县李良重修，甃以石，光绪年间再次重修。今尚存柯桥阮社至钱清一段，十分珍贵，列为国宝。

“白玉长堤路，乌篷小画船”，是古人对纤道的称赞。它平铺岸边，傍野临水，或飞架水上，破水而筑，绵延数十里，宛若一条水上长龙，伸展到水天相接之处，故有“天下桥长无此长”之句，描写此桥绵延之状。

纤道桥由实体纤道、石墩纤道桥、高拱（梁）桥三者连接而成。实体纤道常用条石一顺一丁层层上叠，高出水面约0.6米，上用石板横铺，每块石板的宽度在0.7—1米之间，长度（即纤道的宽度）约1.5米。铺面的石板表面极其粗糙。于阴风怒号，霖潦暴溢、巨浪翻滚之际，实体纤道十分稳当。但在春水暴涨之时，它因约束水流而使纤道两侧产生高低悬殊的水位，容易崩塌。

为了避免崩塌，在两段实体纤道之间架起石墩纤道桥。其形如旧式铁锁，俗称铁锁桥。据清光绪九年（1883年）《重修纤道桥碑记》：“自太平桥起至板桥上，所有纤道，以及宝、玉带桥，共计281洞。”石墩纤道桥每隔2.3—2.8米设一桥墩，采用一顺一丁之法干砌。墩与墩之间再用长3.4—3.6米，宽0.5—0.6米的石梁三根并列搁成。石梁之间的空隙用以泄洪，调节纤道两侧水位，因而有武林孔道、四明孔道的雅号。

俗话说：“天有不测之风云”，舟楫在运河中行驶，若突遇风暴、恶浪汹涌，须迅速穿越纤道，驶入近岸的浅水区，此地江小水浅浪平，虽是满载的船只，也能保证安全。但

图5–3 纤道高桥

在铁锁桥之间架有纤道高桥，供船只穿越。此类高桥尚存三十余座，有梁式、拱式，各具千秋，斗芳争艳，相互借景，有的桥洞内侧铺有纤道路，纤夫可循道直往。

是，实体纤道无孔可钻，铁锁纤道拦有石梁，也无法使船只通过，只好在其间再设纤道高拱（梁）桥，专供船只穿越，躲避风浪。此类纤道高拱（梁）桥在纤道中尚存三十余座，其形态各异颇引人注目。

荫毓桥是一座古纤道中的单孔石拱桥，重修于清光绪年间，全长14.45米，桥面宽3.4米。拱券呈马蹄形，近似于中国园林中的月洞门，最宽处约4.5米，两拱脚净距4米，用条石纵向分节并列砌筑。拱券两侧间壁上镌刻一副楹联："一声渔笛忆中郎，几处乡酤羁两阮"。作者巧妙地把这一带的景色与东汉音乐家蔡中郎的柯亭笛及两晋的"竹林七贤"中的阮籍叔侄联系在一起，颇令人回味。

图5-4 荫毓桥

纤道桥中串有三十余座形态各异的高拱、高梁桥。其中荫毓桥洞券呈马蹄形，上有楹联："一声渔笛忆中郎，几处乡酤羁两阮。"巧妙地把自然景观与人文景观融合在一起。

六、小民的祈祷

图6-1 柯岩厚村大庙
跨河而建，庙中奉祀包爷爷（宋代龙图阁大学士包拯），包爷爷清正廉明，断案如神，在绍兴小民心中胜过当坊土地。殿前有楹联“人口平安”，“福寿长长”，表露小百姓祈求之心。

越中之俗，敬鬼神，重祭祀，因有众多的石桥，所以也少不了有桥神庙。桥神虽不如玉皇大帝、南海观世音名声显赫，但如同当坊土地神，因桥而设，是小民们祈祷的偶像。

在柯岩乡柯山下有座桥神庙，桥上有庙宇三间，与桥西五间连为一体，当地俗称厚村大庙。庙正殿奉祀包爷爷，即宋代龙图阁大学士包拯。包爷爷清正廉明，断案如神，在绍兴小民心中胜过当坊土地，因此村村皆建包殿。厚村大庙包殿中有楹联曰：“人口平安”、“福寿长长”，淳朴的语言表露了小民祈求之心。庙前有廊，是入庙的主要入口，与桥踏跺相接，拾级而上，焚香磕头，以表诚心。又桥两边踏跺仅七级，高过河岸不过1米，来往船只行至桥下，摇橹者须低头哈腰，以表露对神的敬重。

图6-2 斗门水阁庙

绍兴斗门镇房山村村头有座水阁庙，桥上设三间，桥下设三间，一字排列。前廊后宇，两廊相通。其中桥廊用船篷轩，尤为讲究。庙中奉祀的正神为赤脚大帝，陪祀关公大老爷。

斗门镇房山村村头有座水阁庙，桥上设三间，连岸设三间，一字排列。屋前出廊，两廊相通。其中桥上的廊用卷棚顶，较为考究。庙中正神为赤脚大帝。传说在很久以前，有一伙明火执仗的强盗窜至该地抢掠，于晨雾迷蒙之时渐近村头此桥，突然发现桥上有一个大汉正在霍霍磨刀。那大汉身材高大，向桥洞挂下一只赤足，粗大如斗。贼寇惊呆了，仓皇逃离，村民免遭了一场浩劫。有一渔夫清晨捕鱼，见状藏匿水中，亲睹其事，奔告乡民，以为赤脚大帝神灵佑护，于是在此桥上建庙，立像奉祀。因大帝舞刀，所以偏殿陪祭的是关云长，外加关平、周仓。四人联手，纵有千盗万寇也不敢近村半步，小民的安排如此周全。

城南有座太原桥，桥头有一座小庙。庙虽小，与小桥相衬十分得体。桥南北向，庙坐西朝东。桥的踏跺与庙的前廊相串接，联系紧密。庙中奉祀财神爷赵公明，有名有姓。当

图6-3 太原桥桥头小庙

城南有座大原桥，桥头有座小庙。桥的踏跺与庙的前廊相串接，联系十分紧密。庙中奉祀财神爷赵公明。如今小庙中香烟袅绕，多少人在此寄托发财的心。

图6-4 水则碑村桥庙

水则碑村昔日立有水则碑，上刻金、木、水、火、土五则，凭则掌握水位变化，控制河水蓄泄，使萧绍平原中旱涝保丰收，为缅怀立碑大老爷，小民在村头桥上立庙奉祀。

初，发财之人造了桥，造桥后更想发财，于是在桥头建起财神庙。如今小庙中仍香烟袅袅，小小的桥头庙承诺着多少人发财的祈祷。

城东水则碑村头桥庙有一副楹联是：“子孝臣忠，一派渊源留则水；文经武纬，万年香火绕炉峰。”楹联虽短，叙事尚多。明代成化年间，绍兴知府戴琥在该村树有水则碑。水则碑是水利设施，上刻有金、木、水、火、土五则，凭则掌握水位变化，控制河水蓄泄，施惠于绍兴府下属的山阴、会稽、萧山三县。此后，虽有旱涝，仍保丰收，为缅怀造福于民的父母官，百姓在村头桥上立庙奉祀。庙三开间，中间与桥面相平，可直接从桥面进入正大殿。偏殿与桥脚相平，主从分明。桥上覆有卷棚廊椽，临河设有栏杆，凭栏远眺，青山绿水诉述着古代水利家戴琥的丰功伟绩。

俗话说：“神仙本是凡人变，只怕凡人心不坚”，只要施益于小民，小民总是感恩戴德，立庙奉祀，甚至建于桥上。

七、几多故事伴桥生

图7-1 拜王桥
绍兴城内府山直街南端有座拜王桥。唐末节度使董昌叛乱，钱镠起兵平董昌之乱，郡人拜谒于此。后钱镠被封为吴越王，桥亦名拜王桥。今桥为康熙二十八年（1689年）重建。

一座极其普通的石桥，因与历史人物、民间故事、名人史迹联系在一起而身价百倍。夏禹治水“劳身焦思，以行七年，闻乐不听，过门不入，冠桂不顾，夏遗不蹑”。遗履之处有座石桥，名叫夏履桥。贺知章有诗：“唯有门前鉴湖水，春风不改旧时波”，因此都昌坊路有座石桥，取名春波桥。但也有人说此桥因陆游怀念唐琬，“伤心桥下春波绿”而名春波，总之，一桥却联系着两位大诗人。另有汉代朱买臣马前泼水绝前妻的覆盆桥，纪念当年大禹治水告成的告成桥，附会放翁“小楼一夜听春雨，深巷明朝卖杏花”名句的杏买桥……这些石桥有的已拆去，有的已改建，然口碑长留里人间。

绍兴城内府山直街南端有座拜王桥。唐末，节度使董昌叛乱，钱镠起兵平董昌之乱以后，郡人拜谒于此。到五代后梁时，钱镠被封为吴越王，桥亦名拜王桥。今桥为康熙二十八

年（1689年）重建，系多边形石拱桥。拱分五段砌作，外形十分庄重。

图7-2 题扇桥
晋大书法家王羲之途经此桥，见一老妪因竹扇难卖而啼泣。羲之怜之，为其扇上各题五字。市人立即竞相购买。今桥重建于道光八年（1828年）。桥堍立一碑，铭为“晋王羲之题扇处”。

蕺山脚下有座题扇桥，为晋大书法家王羲之题扇处。传说王羲之曾途经此桥，见一老妇持六角竹扇啼泣，问她，回答道：竹扇难卖，衣食无依。羲之可怜她，在其扇上各题五字。老妇初有愠色，后见市人竞相购买，欣喜若狂。事后，每日守候桥头纠缠王羲之，请再题扇。羲之无奈，不得不绕道出入于“躲婆弄”。此世代传为佳话。今桥重建于道光八年（1828年）。桥长4.96米、宽3.05米。桥堍立有一碑，铭为“晋王羲之题扇处”。

城北9公里斗门镇荷湖村有座荷湖大桥。桥有十孔，九个桥墩。仔细观察，九只桥墩九

图7-3 荷湖大桥/前页

城北十八里斗门镇荷湖村有座荷湖大桥。桥有十个孔，九个桥墩，个个不相同。相传龙王钱塘君的儿子小赤龙作祟，老百姓在神仙的直接指导下，架此桥加以镇压。

个样，无一雷同。另外桥面上还有一条红色石纹，蜿蜒曲折。若逢阴雨蒙蒙，石纹更红得出奇。凡涉桥探奇者，无须采访，四乡老叟会主动讲出一段奇妙的神话。原来在很久很久以前，龙王钱塘君有个儿子称小赤龙。小赤龙从小受父母溺爱，娇生惯养，好恶作剧，常流窜到荷湖一带兴风作浪，为害百姓。众议架桥镇压，然因小赤龙作祟，极难成就，百姓苦不堪言。不知惊动何方神仙，下凡相助，用条形香糕模拟桥墩筑法，示于筑桥工匠。工匠如法造作，一次成功。小赤龙受此镇压，虽伺隙破坏，但寒去暑来，年复一年，难破神仙之法，不得不留下斑斑血泪，逃之夭夭。桥上的红斑纹即是当年小赤龙的赤血所染。

八、稳固性的追求

造桥除了要求美观外，坚固与稳定性的追求，其实是桥最本质的功能要素。积千百年的经验，绍兴的造桥匠师们创造了许多工程技巧，令人赞叹。

例如三江闸桥的建造，在稳固性的追求上匠师们动了许多脑筋。首先是桥址选择在水下有岩基的地方，而该处的岩基又和两岸小山下的岩石紧密相连。闸桥基础设在此处，肯定稳固。桥基的构造是先在岩基上压上巨大的块石，在巨石与岩基、巨石与巨石之间埋入铁钩钩，使之紧密连接，并在缝隙中灌铁水。为了防止铁器长期浸泡在水中受到锈蚀，古人用糯米浆加石灰臼熟而成的灰膏密封，如现代所用的钢筋混凝土构造。由于巨石之上有细缝，在流水长年累月的冲刷下，石缝会逐渐扩大，造成严重后果。为了消除隐患，匠人们发明了一种“牡石相衔”的方法。牡蛎是带介壳的软体动物，繁殖极快，无缝不入，钻进石缝又不想出来，死后留下坚硬的牡蛎壳，将石缝填得死死的。如此便使桥基异常稳固。数百年来，尽管钱塘大潮汹涌之势天下闻名，终难损闸桥一二，其稳固的程度令现代桥梁专家叹服。

绍兴州山乡有座小石桥，与众不同，桥洞是用三块石板拼合而成，俗称神仙跳。相传是古代鲁班用三块瓦片做模型传授的技艺。小石桥看上去似弱不禁风，但是据当地乡民说，多少年来他们的祖辈牵着大水牛过桥，一向稳稳当当，原来这三块石板构成的三折形拱券，十分稳定，在平板与侧板之间还加有系石，并以

图8-1 三江闸桥

（引自《嘉靖山阴县志》）

图8-2 州山神仙跳桥

绍兴州山乡有座小石桥，桥洞由三块大石板荷合而成，俗称神仙跳，传说鲁班仙师下凡指点而建。桥看上去摇摇欲坠，由于巧妙地利用力学原理，多少年来，几经周折，仍稳稳当当。

合适的角度将两板衔接，使桥上的荷载沿着拱的轴线转化成推力，传递至两岸边，因此老牛上桥也就平安无事了。

绍兴东浦镇有座古大木桥，木桥易朽，改建成石桥，但旧名沿用。桥为三孔梁式，南北向摆设。引人注目的是石桥两墩厚仅30厘米，薄薄的壁墩，在湍急的水流中，可减少水的冲击力，在构造技术上无疑是进了一步。与河床紧密相接的是一块巨大的金刚脚石，石上凿槽嵌合竖立的薄墩。薄墩之上又有一块大石承托桥梁石。如此薄薄的壁墩仅起传递荷载的作用，俗话说，把筷直立顶千斤，古人用的就是这个道理。

图8-3 东浦古大木桥

东浦古大木桥，三孔梁式，石桥两墩厚仅30厘米。薄薄壁墩在湍急的水流中，可减少水的冲击力。薄墩之上有大石承托，之下有金刚脚石承压，皆有稳固上下功夫。

图8-4 徐山大桥/后页

城西南福全镇徐山大桥，梁式十一孔。桥孔不是一字形排列，而是三孔右拐，三孔左拐，弯弯曲曲。如此之字形排列，抗水的冲击力不再是一条线，而是一个面，稳固性大大增加。

城西南福全镇徐山村有座徐山大桥，梁式十一孔。此桥的桥孔不是排列在一条线上，而是三孔向右拐，三孔向左拐，呈之字形。采取这种形式是因为，徐山大桥位于漓渚江与兰亭江交汇处，古时春汛期，大水扑向大桥，桥常被冲塌，后来将桥布置成之字形，抗水的冲击力不再是一条线，而是一个面，其稳定性大大增加。此后数百年，大水不止发过多少次，徐山大桥乃岿然不动。

图8--5 徐山大桥平面图
（摹自《绍兴石桥》）

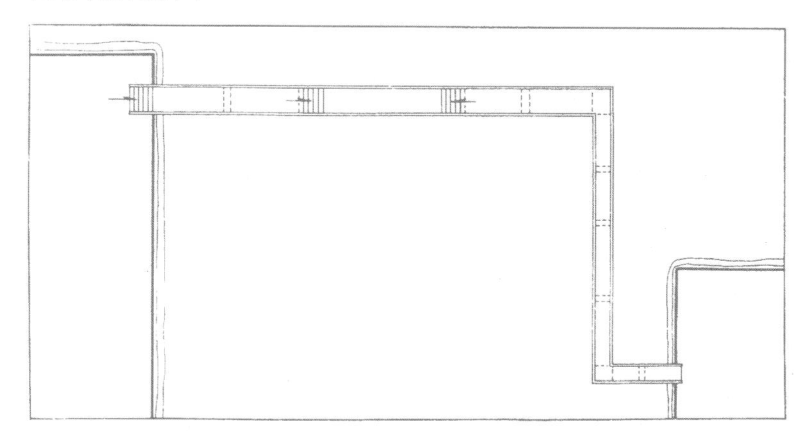

九、桥景如画

造桥当然是为了解决交通问题，绍兴的石桥也给绍兴带来了许多奇妙的景观。桥洞如画框，把农舍、青山、绿水纳入框中，形成一幅幅美丽的图画，而桥下舟楫如梭，桥上行人如织，给石桥注入了勃勃生机。

绍兴城东有座广宁桥，相传此处本无桥，过往百姓须摆渡过河。好事者集资建桥，以利往来百姓广受安宁，故名。桥始建于南宋，明万历二年（1574年）重建。全长60米，宽5米，高4.6米，净跨6.1米，两旁各有20级石阶，桥上共有8根石柱，柱端分别雕有石狮和荷花，七边形拱券式桥洞。从桥洞向西眺望，碧水荡漾，民居错落，景物十分生动，小民在沿河的踏步上洗涤、登舟，船埠头上停泊着各式船只，忙碌地装卸货物，最远处，蓝天作背景，大善塔巍然屹立，直指苍穹，俨然是一幅水乡市井的风俗画。《嘉泰会稽志》上说：绍兴中，有乡先生韩有功，为士子领袖，夏夜常

图9-1 桥洞似画框

千姿百态的桥梁具有较高的艺术观赏价值，桥洞如画框，民舍、青山、绿水框成一幅幅美丽的图画。

图9-2 广宁桥

城东广宁桥，始建于南宋，明万历二年（1574年）重建，桥长60米，宽5米。《嘉泰会稽志》上说：绍兴中，有乡先生韩有功，为士子领袖，夏夜常常带领他的弟子们在桥上聚会，赏月吟诗。

图9-3 泗龙桥/上图

鉴湖乡清水闸村有一座泗龙桥。桥身造型优美，前三孔为拱形，高敞似龙头，后十六孔为梁形，俯卷若龙尾。晨雾迷蒙，乘坐乌篷小舟浮游渐近泗龙桥，若闻龙吟之声。

图9-4 泗龙桥栏板/下图

泗龙桥栏板上雕镌精细，各式寓意纹样含义深刻，其中有“方胜”为西王母的头饰。“八吉”纹样寓意为“回环贯通，一切通明”的佛理。

带领他的徒子徒孙在桥上聚会，赏月吟诗。有功死后，朱亢宗作诗怀念他："河梁风月故时秋，不见先生曳杖游……"八百多年前，广宁桥头以其风景之瑰丽，成为士人学子们雅集之地了。

鉴湖乡清水闸村有一座石桥，人称廿眼桥，但真正只有十九孔。民间传说，某年某月，有位大官巡视该桥后说，二十是满数，月满则亏，满十归零，因此命人堵死一孔，剩下十九孔，这种说法当然不足为信。志书上称其为泗龙桥，因中心桥墩分置四个龙头，造型优美，前三孔为拱形，高敞似龙头，后十六孔为梁形，俯卷若龙尾，故名。晨雾迷蒙，乘坐乌篷船过泗龙桥，水流之声有若龙吟。极目远眺，八百里鉴湖景全收入洞券之中。湖水浩渺，风光如画，风止时，水平如镜，风起时雪浪层叠，桥景、水景交融生辉。

泗龙桥不但有四只龙头（汲水兽）引人瞩目，而且石栏板上刻有众多美丽的花纹，景中添花。其中刻有"方胜"，即两个菱形压角相叠所构成的纹样。"方胜"原为古代神话中的"西王母"所戴的发饰，古代作为"祥瑞"之物，为明清时期绍兴石桥栏板上常见的刻饰。另外还有八吉纹，是一条线盘曲连接，无头无尾，无终无止，故又称为"盘长"，或"盘肠"。在佛教中，视八吉为寺僧祈祷供奉的八种法物之一，表示"回环贯彻一切通明"。八

图9-5 望仙桥
城东北十里有座望仙桥，为三孔石梁桥。条石叠砌作墩，横跨在若耶溪上。溪逶迤延伸，源远流长，两岸青山叠翠，众峰竞秀，望千山万壑，使人应接不暇。

吉图案在民间应用极为广泛，绍兴石桥中亦十分常见。

城东南5公里有座望仙桥，为三孔石梁桥。条石叠砌作墩，横跨在若耶溪上。若耶溪为绍兴的一条大江，汇水面积较大，时逢春汛，水流湍急，为此桥墩作成分水尖。此类形制在平原水乡并不多见。传说晋朝神仙葛洪曾在桥附近炼丹，后葛仙升天，该地留下炼丹井一口。多少年来，不知有多少痴心之人迈步桥上，希望成仙。然站在桥上，极目四望，两岸青山叠翠，众峰竞秀，千山万壑奔来眼底，使人应接不暇，景色幽邃清丽，令人心旷神怡，走到桥上，也算是做过一回神仙了。

十、悠哉古石桥

乘坐乌篷小划船，漫游在水乡之中，伴着水声橹声，穿过垂虹（桥），傍依玉带（桥），欣赏着被桥洞框成的图画，水巷枕桥，桥舍相依，另有“白玉长堤路”，“八字、东双桥”，游者畅谈桥的故事，祈求桥神的佑护。再若“船头一束书，船后一壶酒，新钓紫鳜鱼，旋洗白莲藕”（陆游《思故乡》），酒醉饭饱，在柔波中荡漾，更是美不胜收。但是，多少人为生活而奔波，卖鱼郎匆匆赶向集市，害怕鱼死集散，农夫匆匆从集市赶回，害怕误了农活，他们绝无此雅兴，这大约就是人们常说的先追求物质生活，后追求精神生活吧！

近年来水乡村村连公路，一座又一座的公路桥横湖跨江，一座又一座的石桥失去昔日的交通功能，成为博古架上的摆设，却为老人们提供了一处休息的场所。几位老人倚桥而处，或立或坐，悠然谈天说地。

图10-1 桥上闲聊/对面页
近年来一座又一座的公路桥横河跨江，一座座古石桥失去了昔日的交通功能，成为博古架上的摆设，却为老人提供了一处休息的场所，几位老者倚桥而处，悠然谈天。

图10-2 光相桥与越王桥/上图

古老的光相桥重建于元代至正年间，昔日桥北有光相寺，香火极盛，桥上善男信女摩肩接踵。如今相距数米建起越王桥（现代公路桥），桥上车水马龙，而毗邻的光相桥从此被冷落一边。

图10-3 大小江桥/下图

城北有对兄弟桥，兄为大江桥，弟为小江桥，两桥隔府河相望。大江桥因沟通主大街，已改成现代化桥，小江桥沟通北后街，街还是旧时的街，桥还是旧时的桥。

古老的光相桥，位于城西北，始建于东晋，重建于元代至正元年。桥藤蔓缠络，古树苍翠，剥蚀严重的桥栏板、覆莲形望柱诉说着其光辉的过去。昔日，桥北建有光相寺，烟火极盛，多少善男信女，普度于光相桥上，手捧香烛，口念“南无阿弥陀佛”，进寺拜神求佛。后寺因失修倾圮，而桥尚存。接着人们又逐渐厌弃拾级之辛劳，在光相桥旁架起平板桥，尔后又改建成公路桥，称越王桥。越王桥沟通104国道，桥上车水马龙，而毗邻的光相桥被冷落一边，只有几位文物工作者常去探望。

绍兴城北有一对兄弟桥，兄为大江桥，弟为小江桥，两桥隔府河相望。兄弟命运不同，

图10-4 小江桥

小江桥旁有大江桥，大江桥上车水马龙，交通繁忙，小江桥却被冷落一旁，只有几位老人坐在雕凿成的石桌、石椅的桥栏上，悠然谈天。

图10-5 接渡桥/后页

如此造型优美的石桥，称接渡桥，在柯桥镇中泽村。三孔薄墩连拱桥，两端连有平桥，若垂虹，若玉带。桥栏两边置有姿态各异的石狮子，形象生动。如今数十米处架起公路桥，桥上尘土飞扬，接渡桥从此光荣退休，悠哉，古石桥。

大江桥沟通城中主大街，街越来越大，桥连拆连建三次，后改建成现代桥。而小江桥沟通北后街，街还是旧时的街，桥还是旧时的桥。桥栏精心制作成石桌石凳，人们徒步桥上，凭栏憩息，不失闹中取静的去处。

绍兴柯桥镇中泽村，有一座接渡桥。昔日两岸住民为河所隔，往来依靠船渡，时逢风浪，船翻人亡，好事者集资兴桥，大河成通途，故名接渡桥。桥拱梁联合，高低错落，三孔石拱为薄墩形结构，不仅造型优美，且利于抗洪水冲击。桥栏两边置有姿态各异的石狮12只，石望柱14个，形象十分生动。如今离古石桥数十米处架起公路桥，桥上尘土飞扬。古石桥从此被冷落一旁，偶尔有村童赶着白鹅，漫步其上。

这类古桥在绍兴还有许多，它们是古城的标志物，也是古城的历史见证。千姿百态的古桥是不会被人们冷落太久的，因为这是绍兴人的骄傲。悠哉，古石桥！

（本篇蒙东南大学朱光亚先生帮助，谨此致谢）

大事年表

朝代	年号	公元纪年	大事记
唐	元和十年	816年	纤道桥始建
宋	宝祐四年	1256年	八字桥重建
元	至正元年	1341年	光相桥重建
明	弘治年间	1488—1505年	重修纤道桥
	嘉靖十四年	1535年	三江闸桥建成
	万历二年	1574年	重建广宁桥
	万历四十八年	1620年	太平桥始建
清	康熙二十八年	1689年	重建拜王桥
	道光八年	1828年	重建题扇桥
	咸丰八年	1858年	重建太平桥
	光绪九年	1883年	重修纤道桥
	光绪二十九年	1903年	重建西郭廊桥

图书在版编目（CIP）数据

绍兴石桥 / 周思源撰文 / 钟剑华摄影. —北京：中国建筑工业出版社，2013.10
（中国精致建筑100）
ISBN 978-7-112-15831-7

Ⅰ. ①绍… Ⅱ. ①周… ②钟… Ⅲ. ①石桥-建筑艺术-绍兴市-图集 Ⅳ. ① TU-092.2

中国版本图书馆CIP 数据核字（2013）第213392号

责任编辑：董苏华 张惠珍 孙立波
技术编辑：李建云 赵子宽
图片编辑：张振光
美术编辑：赵　清 康　羽
书籍设计：瀚清堂·赵　清 周伟伟 康　羽
责任校对：张慧丽 陈晶晶 关　健
图文统筹：廖晓明 孙　梅 骆毓华
责任印制：郭希增 臧红心
材料统筹：方承艺

中国精致建筑100
绍兴石桥
周思源 撰文/钟剑华 摄影

中国建筑工业出版社出版、发行（北京西郊百万庄）
各地新华书店、建筑书店经销
南京瀚清堂设计有限公司制版
北京顺诚彩色印刷有限公司印刷

开本：889×710 毫米 1/32 印张：$2^7/_8$ 插页：1 字数：123 千字
2015年11月第一版 2015年11月第一次印刷
定价：**48.00**元
ISBN 978-7-112-15831-7
（24343）